MW00898483
Dedication Page
To:
From:

Mo	Tu	We	Th	Fr	Sa	Su

MEMO No. ___________

Date: / /

Mo	Tu	We	Th	Fr	Sa	Su

MEMO No. ___________

Date: / /

Mo	Tu	We	Th	Fr	Sa	Su

MEMO No. ___________

Date: /   /

Mo	Tu	We	Th	Fr	Sa	Su

MEMO No. ___________

Date: / /

Mo	Tu	We	Th	Fr	Sa	Su

MEMO No. ___________

Date: / /

Mo	Tu	We	Th	Fr	Sa	Su

MEMO No. ___________

Date: / /

Mo	Tu	We	Th	Fr	Sa	Su

MEMO No. ___________

Date: / /

Mo	Tu	We	Th	Fr	Sa	Su

MEMO No. ___________

Date: / /

Mo	Tu	We	Th	Fr	Sa	Su

MEMO No. ___________

Date: / /

Mo	Tu	We	Th	Fr	Sa	Su

MEMO No. ___________

Date: / /

Mo	Tu	We	Th	Fr	Sa	Su

MEMO No. ___________

Date: / /

Mo	Tu	We	Th	Fr	Sa	Su

MEMO No. ___________

Date: / /

Mo	Tu	We	Th	Fr	Sa	Su

MEMO No. ___________

Date: / /

Mo	Tu	We	Th	Fr	Sa	Su

MEMO No. ___________
Date: / /

Mo	Tu	We	Th	Fr	Sa	Su

MEMO No. ___________

Date: / /

Mo	Tu	We	Th	Fr	Sa	Su

MEMO No. ___________
Date: / /

Mo	Tu	We	Th	Fr	Sa	Su

MEMO No. ___________

Date: / /

Mo	Tu	We	Th	Fr	Sa	Su

MEMO No. ___________

Date: / /

Mo	Tu	We	Th	Fr	Sa	Su

MEMO No. ___________

Date: / /

Mo	Tu	We	Th	Fr	Sa	Su

MEMO No. ___________
Date: / /

Mo	Tu	We	Th	Fr	Sa	Su

MEMO No. ___________

Date: / /

Mo	Tu	We	Th	Fr	Sa	Su

MEMO No. ___________

Date: / /

Mo	Tu	We	Th	Fr	Sa	Su

MEMO No. ___________

Date: / /

Mo	Tu	We	Th	Fr	Sa	Su

MEMO No. ___________

Date: / /

Mo	Tu	We	Th	Fr	Sa	Su

MEMO No. ___________

Date: / /

Mo	Tu	We	Th	Fr	Sa	Su

MEMO No. ___________

Date: / /

Mo	Tu	We	Th	Fr	Sa	Su

MEMO No. ___________

Date: / /

Mo	Tu	We	Th	Fr	Sa	Su

MEMO No. ___________

Date: / /

Mo	Tu	We	Th	Fr	Sa	Su

MEMO No. ___________

Date: / /

Mo	Tu	We	Th	Fr	Sa	Su

MEMO No. ___________
Date: / /

Mo	Tu	We	Th	Fr	Sa	Su

MEMO No. ___________

Date: / /

Mo	Tu	We	Th	Fr	Sa	Su

MEMO No. ___________

Date: / /

Mo	Tu	We	Th	Fr	Sa	Su

MEMO No. ___________

Date: / /

Mo	Tu	We	Th	Fr	Sa	Su

MEMO No. ___________

Date: / /

Mo	Tu	We	Th	Fr	Sa	Su

MEMO No. ___________

Date: /   /

Mo	Tu	We	Th	Fr	Sa	Su

MEMO No. ___________

Date: / /

Mo	Tu	We	Th	Fr	Sa	Su

MEMO No. ___________

Date: / /

Mo	Tu	We	Th	Fr	Sa	Su

MEMO No. ___________
Date: / /

Mo	Tu	We	Th	Fr	Sa	Su

MEMO No. ___________

Date: / /

Mo	Tu	We	Th	Fr	Sa	Su

MEMO No. ___________

Date: / /

Mo	Tu	We	Th	Fr	Sa	Su

MEMO No. ___________

Date: / /

Mo	Tu	We	Th	Fr	Sa	Su

MEMO No. ___________

Date: / /

Mo	Tu	We	Th	Fr	Sa	Su

MEMO No. ___________

Date: / /

Mo	Tu	We	Th	Fr	Sa	Su

MEMO No. ___________

Date: / /

Mo	Tu	We	Th	Fr	Sa	Su

MEMO No. ___________

Date: / /

Mo	Tu	We	Th	Fr	Sa	Su

MEMO No. ___________

Date: / /

Mo	Tu	We	Th	Fr	Sa	Su

MEMO No. ___________

Date: / /

Mo	Tu	We	Th	Fr	Sa	Su

MEMO No. ___________

Date: / /

Mo	Tu	We	Th	Fr	Sa	Su

MEMO No. ___________

Date: / /

Mo	Tu	We	Th	Fr	Sa	Su

MEMO No. ___________

Date: / /

Mo	Tu	We	Th	Fr	Sa	Su

MEMO No. ___________

Date: / /

Mo	Tu	We	Th	Fr	Sa	Su

MEMO No. ___________

Date: / /

Mo	Tu	We	Th	Fr	Sa	Su

MEMO No. ___________

Date: / /

Mo	Tu	We	Th	Fr	Sa	Su

MEMO No. ___________
Date: / /

Mo	Tu	We	Th	Fr	Sa	Su

MEMO No. ___________

Date: / /

Mo	Tu	We	Th	Fr	Sa	Su

MEMO No. ___________

Date: / /

Mo	Tu	We	Th	Fr	Sa	Su

MEMO No. ___________

Date: / /

Mo	Tu	We	Th	Fr	Sa	Su

MEMO No. ___________

Date: / /

Mo	Tu	We	Th	Fr	Sa	Su

MEMO No. ___________

Date: / /

Mo	Tu	We	Th	Fr	Sa	Su

MEMO No. ___________

Date: / /

Mo	Tu	We	Th	Fr	Sa	Su

MEMO No. ___________

Date: / /

Mo	Tu	We	Th	Fr	Sa	Su

MEMO No. ___________

Date: / /

Mo	Tu	We	Th	Fr	Sa	Su

MEMO No. ___________

Date: / /

Mo	Tu	We	Th	Fr	Sa	Su

MEMO No. ___________

Date: / /

Mo	Tu	We	Th	Fr	Sa	Su

MEMO No. ___________

Date: / /

Mo	Tu	We	Th	Fr	Sa	Su

MEMO No. ___________
Date: / /

Mo	Tu	We	Th	Fr	Sa	Su

MEMO No. ___________

Date: / /

Mo	Tu	We	Th	Fr	Sa	Su

MEMO No. ___________

Date: / /

Mo	Tu	We	Th	Fr	Sa	Su

MEMO No. ___________

Date: / /

Mo	Tu	We	Th	Fr	Sa	Su

MEMO No. ___________

Date: / /

Mo	Tu	We	Th	Fr	Sa	Su

MEMO No. ___________

Date: / /

Mo	Tu	We	Th	Fr	Sa	Su

MEMO No. ___________

Date: / /

Mo	Tu	We	Th	Fr	Sa	Su

MEMO No. ___________

Date: / /

Mo	Tu	We	Th	Fr	Sa	Su

MEMO No. ___________

Date: / /

Mo	Tu	We	Th	Fr	Sa	Su

MEMO No. ___________

Date: / /

Mo	Tu	We	Th	Fr	Sa	Su

MEMO No. ___________

Date: / /

Mo	Tu	We	Th	Fr	Sa	Su

MEMO No. ___________

Date: / /

Mo	Tu	We	Th	Fr	Sa	Su

MEMO No. ___________

Date: / /

Mo	Tu	We	Th	Fr	Sa	Su

MEMO No. ___________

Date: / /

Mo	Tu	We	Th	Fr	Sa	Su

MEMO No. ___________

Date: / /

Mo	Tu	We	Th	Fr	Sa	Su

MEMO No. ___________

Date: / /

Mo	Tu	We	Th	Fr	Sa	Su

MEMO No. ___________

Date: / /

Mo	Tu	We	Th	Fr	Sa	Su

MEMO No. ___________
Date: / /

Mo	Tu	We	Th	Fr	Sa	Su

MEMO No. ___________

Date: / /

Mo	Tu	We	Th	Fr	Sa	Su

MEMO No. ___________

Date: / /

Mo	Tu	We	Th	Fr	Sa	Su

MEMO No. ___________

Date: / /

Mo	Tu	We	Th	Fr	Sa	Su

MEMO No. ___________

Date: / /

Mo	Tu	We	Th	Fr	Sa	Su

MEMO No. ___________

Date: / /

Mo	Tu	We	Th	Fr	Sa	Su

MEMO No. ___________

Date: / /

Mo	Tu	We	Th	Fr	Sa	Su

MEMO No. ___________

Date: / /

Mo	Tu	We	Th	Fr	Sa	Su

MEMO No. ___________

Date: / /

Mo	Tu	We	Th	Fr	Sa	Su

MEMO No. ___________

Date: / /

Mo	Tu	We	Th	Fr	Sa	Su

MEMO No. ___________

Date: / /

Mo	Tu	We	Th	Fr	Sa	Su

MEMO No. ___________

Date: / /

Mo	Tu	We	Th	Fr	Sa	Su

MEMO No. ___________
Date: / /

Mo	Tu	We	Th	Fr	Sa	Su

MEMO No. ___________

Date: / /

Mo	Tu	We	Th	Fr	Sa	Su

MEMO No. ___________

Date: / /

Mo	Tu	We	Th	Fr	Sa	Su

MEMO No. ___________

Date: / /

Mo	Tu	We	Th	Fr	Sa	Su

MEMO No. ___________

Date: / /

Mo	Tu	We	Th	Fr	Sa	Su

MEMO No. ___________

Date: / /

Mo	Tu	We	Th	Fr	Sa	Su

MEMO No. ___________

Date: / /

Mo	Tu	We	Th	Fr	Sa	Su

MEMO No. ___________
Date: / /

Mo	Tu	We	Th	Fr	Sa	Su

MEMO No. ___________

Date: / /

Mo	Tu	We	Th	Fr	Sa	Su

MEMO No. ___________

Date: / /

Mo	Tu	We	Th	Fr	Sa	Su

MEMO No. ___________

Date: / /

Mo	Tu	We	Th	Fr	Sa	Su

MEMO No. ___________

Date: / /

Mo	Tu	We	Th	Fr	Sa	Su

MEMO No. ___________

Date: / /

Mo	Tu	We	Th	Fr	Sa	Su

MEMO No. ___________

Date: / /

Mo	Tu	We	Th	Fr	Sa	Su

MEMO No. ___________

Date: / /

Mo	Tu	We	Th	Fr	Sa	Su

MEMO No. ___________
Date: / /

Mo	Tu	We	Th	Fr	Sa	Su

MEMO No. ___________

Date: / /

Mo	Tu	We	Th	Fr	Sa	Su

MEMO No. ___________

Date: / /

Mo	Tu	We	Th	Fr	Sa	Su

MEMO No. ___________
Date: / /

Mo	Tu	We	Th	Fr	Sa	Su

MEMO No. ___________

Date: / /

Mo	Tu	We	Th	Fr	Sa	Su

MEMO No. ___________
Date: / /

Mo	Tu	We	Th	Fr	Sa	Su

MEMO No. ___________

Date: / /

Mo	Tu	We	Th	Fr	Sa	Su

MEMO No. ____________

Date: / /

Mo	Tu	We	Th	Fr	Sa	Su

MEMO No. ___________

Date: / /

Mo	Tu	We	Th	Fr	Sa	Su

MEMO No. ___________

Date: / /

Mo	Tu	We	Th	Fr	Sa	Su

MEMO No. ___________

Date: / /

CONTACT INFORMATION

NAME	TELEPHONE #	EMAIL

CONTACT INFORMATION

NAME	TELEPHONE #	EMAIL

PASSWORD KEEPER

NAME OF WEBSITE/BANK	USER NAME/ LOGIN	PASSWORD

PASSWORD KEEPER

NAME OF WEBSITE/BANK	USER NAME/ LOGIN	PASSWORD

BIRTHDAY & ANNIVERSARY KEEPER

NAME	BIRTHDAY	ANNIVERSARY

BIRTHDAY & ANNIVERSARY KEEPER

NAME	BIRTHDAY	ANNIVERSARY

Made in the USA
Monee, IL
19 January 2023

25600674R00075